U0176272

暴龙家族大图解

[日] 黑川光广 著　　廖俊棋 译

霸王龙幼体 （想象图）

巨大的霸王龙在小时候也是非常弱小的。

小霸王龙可能一直跟在父母的身后行动

小霸王龙用长长的尾巴保持平衡

强大的父母会保护小霸王龙，让它们不会被敌人攻击，并悉心照顾它们

又小又轻的头

小霸王龙身上可能有某种颜色或花纹，让敌人很难发现自己

当小霸王龙吃惊或发怒时，体毛可能会竖起来

小霸王龙对味道非常敏感

小霸王龙可能长着用来保温的体毛

刚出生的小霸王龙就跟一只鸡差不多大

除了父母抓到的猎物的肉，小霸王龙也会吃一些小虫或蜥蜴

长长的双腿可以让小霸王龙跑得更快

小霸王龙也会被一些小型兽脚类盯上，比如伤齿龙（见 P22）

细长轻盈的身体

小霸王龙可能偶尔会跳跃

尖锐的爪子

小小的手（前肢）上有 2 根手指

霸王龙宝宝真的很小啊！

①

最强的肉食性恐龙——霸王龙

霸王龙是进化到极致的最强肉食性恐龙。

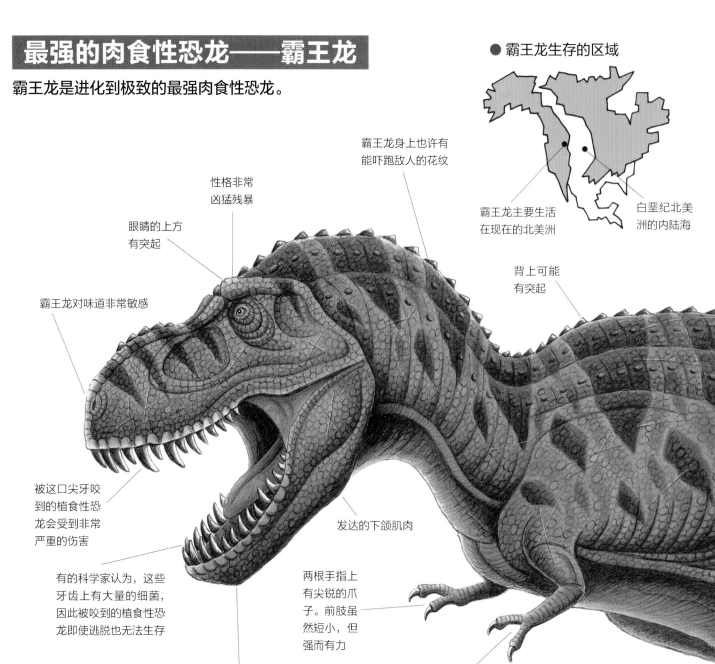

霸王龙身上也许有能吓跑敌人的花纹

性格非常凶猛残暴

眼睛的上方有突起

霸王龙对味道非常敏感

霸王龙主要生活在现在的北美洲

白垩纪北美洲的内陆海

背上可能有突起

被这口尖牙咬到的植食性恐龙会受到非常严重的伤害

有的科学家认为，这些牙齿上有大量的细菌，因此被咬到的植食性恐龙即使逃脱也无法生存

发达的下颌肌肉

两根手指上有尖锐的爪子。前肢虽然短小，但强而有力

霸王龙应该可以大声地吼叫

有些科学家认为，霸王龙的手（前肢）之所以会这么短，是因为它的上半身已经有颗又重又大的头，因此要尽可能减轻上半身重量，来维持和下半身的平衡

霸王龙有巨大的耻骨，所以它的小腹这里会鼓起来

● 人类的大小

长长的腿非常适合用来追寻猎物，因此有些科学家认为霸王龙会非常主动地狩猎

霸王龙有时也许会用脚来踩住猎物

霸王龙
全长 12 米~15 米
肉食性
兽脚类
白垩纪晚期（约 7000 万~6500 万年前）
美国、加拿大

※暴龙家族有非常多的种类，其中体型最大的一种被称为霸王龙。

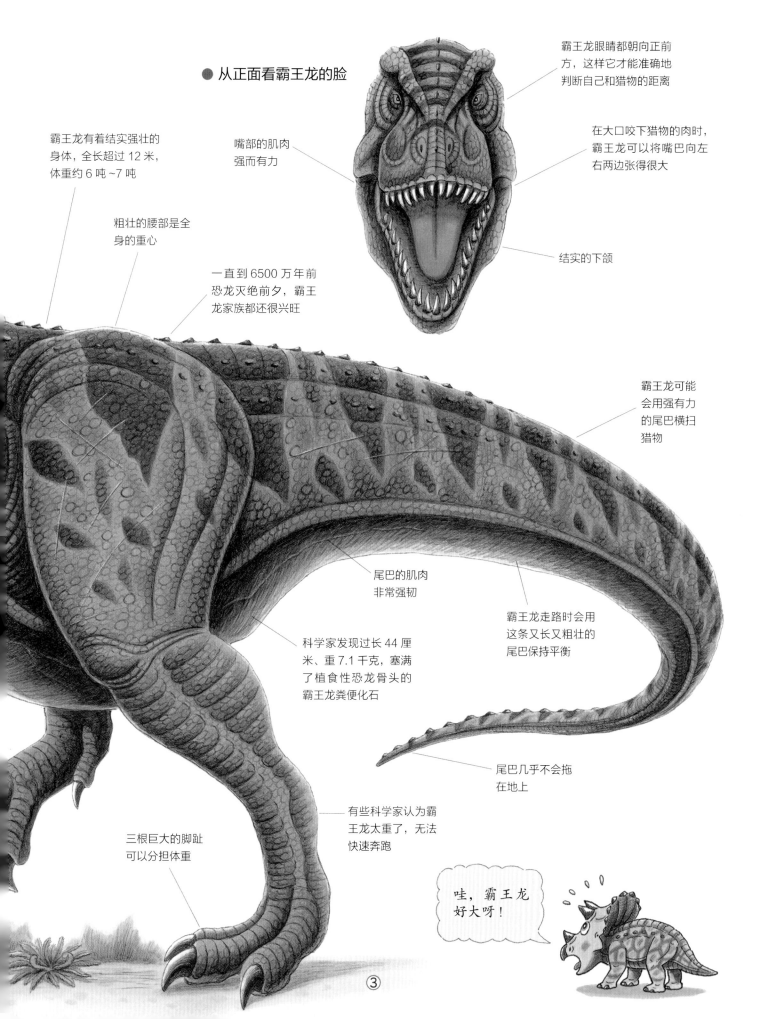

● 从正面看霸王龙的脸

霸王龙眼睛都朝向正前方，这样它才能准确地判断自己和猎物的距离

在大口咬下猎物的肉时，霸王龙可以将嘴巴向左右两边张得很大

霸王龙有着结实强壮的身体，全长超过 12 米，体重约 6 吨~7 吨

嘴部的肌肉强而有力

结实的下颌

粗壮的腰部是全身的重心

一直到 6500 万年前恐龙灭绝前夕，霸王龙家族都还很兴旺

霸王龙可能会用强有力的尾巴横扫猎物

尾巴的肌肉非常强韧

科学家发现过长 44 厘米、重 7.1 千克，塞满了植食性恐龙骨头的霸王龙粪便化石

霸王龙走路时会用这条又长又粗壮的尾巴保持平衡

尾巴几乎不会拖在地上

有些科学家认为霸王龙太重了，无法快速奔跑

三根巨大的脚趾可以分担体重

哇，霸王龙好大呀！

③

霸王龙的头部

霸王龙巨大的头部有着各种不同的功能。

霸王龙拥有所有恐龙里面最重的大脑。它的大脑大约有 200 克

大脑中用来感知味道的区域非常大

脸上可能也有花纹

霸王龙咬住猎物时，会左右用力摇摆头部，给猎物致命一击

新的研究表明，霸王龙的鼻孔应该位于鼻子的下部，血液聚集在这里，使鼻孔更容易保湿

● 霸王龙的牙齿

将要长出下一颗牙齿的凹槽

霸王龙每两年换一次牙齿

牙齿算上齿根（牙齿的根部）的话能有 30 厘米长

牙齿的边缘有凹凸不平的锯齿，和牛排刀一样

牙齿非常坚硬，所以很容易形成化石

牙齿朝向内侧，这让被咬住的猎物难以逃脱

强有力的肌肉。据科学家推测，霸王龙的咬合力有 3 吨。这是足以咬坏汽车的力量

霸王龙用舌头品尝猎物的味道，然后吞下猎物

这些牙齿又大又坚硬，可以将猎物的骨头咬碎

霸王龙的嘴里大约有 60 颗牙齿

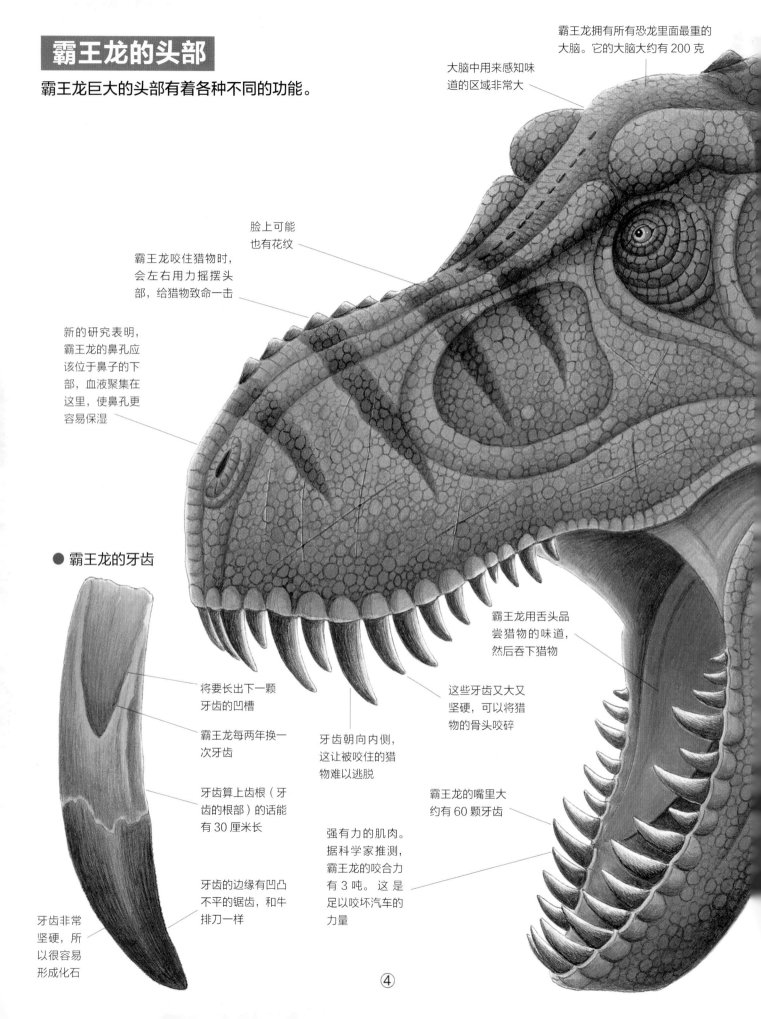

④

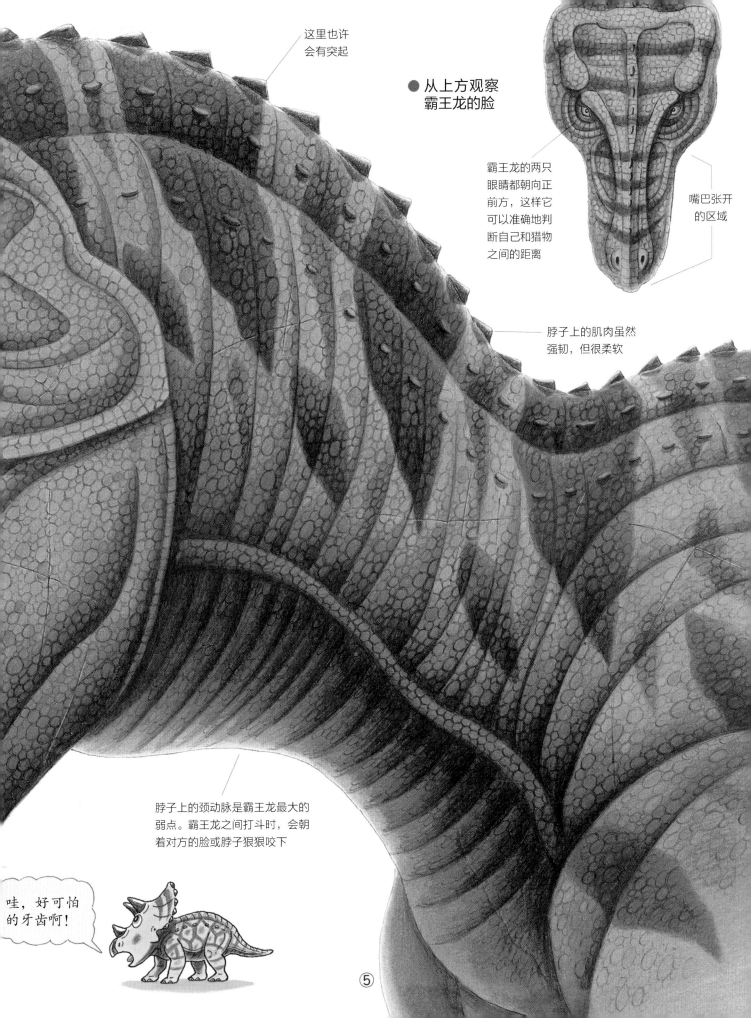

这里也许
会有突起

● 从上方观察
霸王龙的脸

霸王龙的两只
眼睛都朝向正
前方，这样它
可以准确地判
断自己和猎物
之间的距离

嘴巴张开
的区域

脖子上的肌肉虽然
强韧，但很柔软

脖子上的颈动脉是霸王龙最大的
弱点。霸王龙之间打斗时，会朝
着对方的脸或脖子狠狠咬下

哇，好可怕
的牙齿啊！

⑤

霸王龙的狩猎方法

霸王龙应该会非常主动地狩猎植食性恐龙。让我们重现那些狩猎的景象吧！

成群的副栉龙

当猎物接近时，霸王龙会把握正确的距离，找到出击的最佳时机

双脚强而有力，能快速奔跑，抓住猎物

霸王龙的主要猎物应该是温驯的鸭嘴龙类

副栉龙
全长约10米
植食性
鸭嘴龙类
白垩纪晚期

呀，霸王龙盯上猎物了！

为了不被猎物发现，霸王龙在下风处等着。在猎物靠近之前，它会耐心地等上几个小时

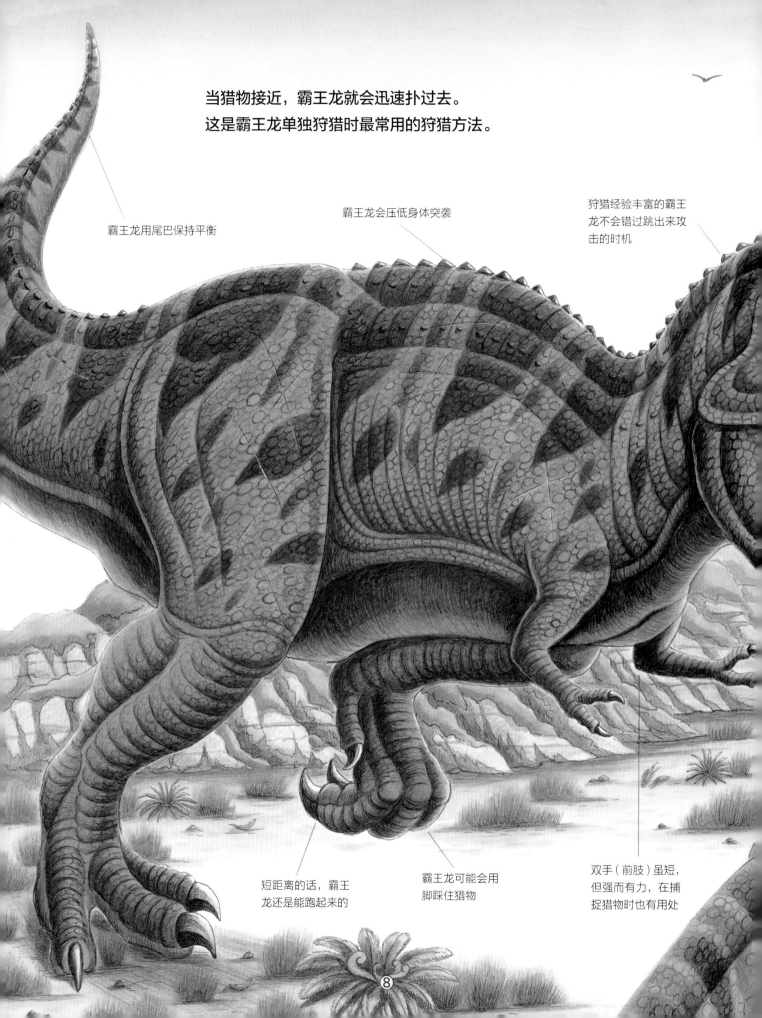

当猎物接近，霸王龙就会迅速扑过去。
这是霸王龙单独狩猎时最常用的狩猎方法。

霸王龙用尾巴保持平衡

霸王龙会压低身体突袭

狩猎经验丰富的霸王龙不会错过跳出来攻击的时机

短距离的话，霸王龙还是能跑起来的

霸王龙可能会用脚踩住猎物

双手（前肢）虽短，但强而有力，在捕捉猎物时也有用处

啊，霸王龙跳出来了！

霸王龙会用双眼估测自己与猎物的距离，在它与猎物搏斗时，这会很有帮助

霸王龙的头骨有许多孔洞，在霸王龙撞击猎物时，这些孔洞能减缓冲击

副栉龙的头冠长度可达1米。头冠是中空的，科学家推测，副栉龙可以用它发出声音，来联络同伴

霸王龙瞄准猎物的脖子或头部进行突击

尖锐的牙齿朝向内侧，这让慌乱的猎物难以逃脱

霸王龙吞下猎物的肉时，嘴巴上下左右都能张得很大

瞬间被吓到呆滞的副栉龙

因为粗心或其他原因与同伴走散的恐龙，就会变成霸王龙的猎物

⑨

霸王龙也常常会群体（家族）狩猎。它们会分工合作，有的负责追赶，有的负责埋伏。

为了不让猎物逃跑而挡住去路的霸王龙

性格温和

脖子是最大的弱点

喙嘴里没有牙齿，无法反咬对方一口

鸭嘴龙类的指甲是蹄状的，而且很小，无法作为武器

领头的霸王龙。领头的应该是霸王龙妈妈，它是家族中体型最庞大的，因此最适合给猎物致命一击

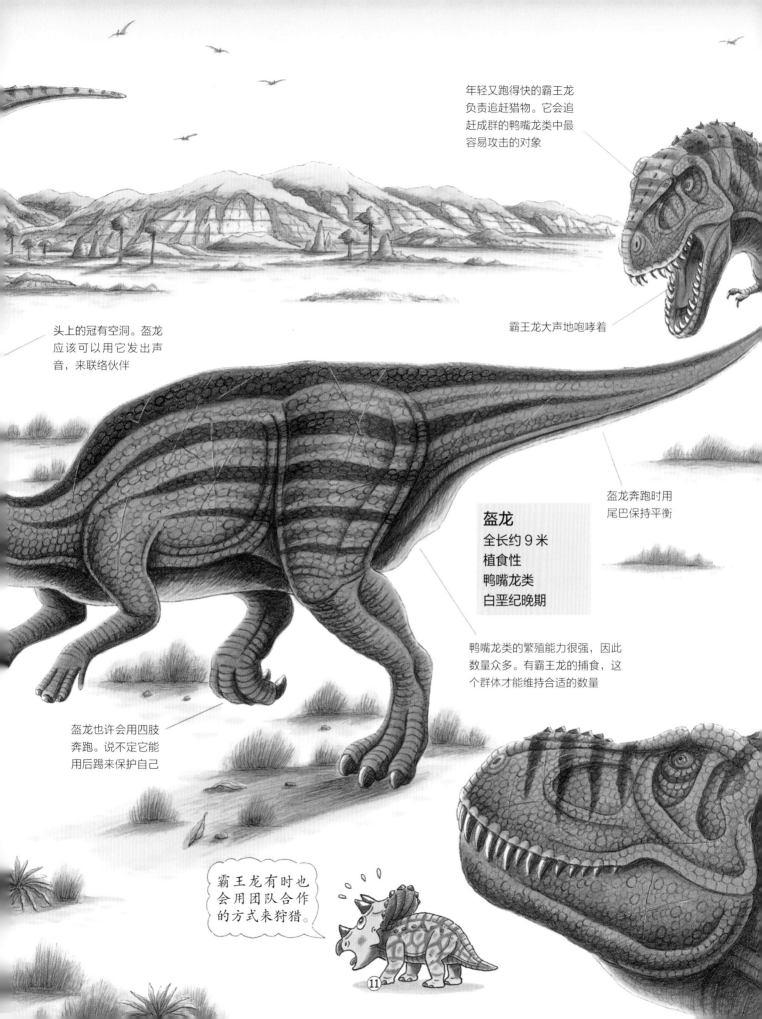

年轻又跑得快的霸王龙负责追赶猎物。它会追赶成群的鸭嘴龙类中最容易攻击的对象

头上的冠有空洞。盔龙应该可以用它发出声音，来联络伙伴

霸王龙大声地咆哮着

盔龙
全长约9米
植食性
鸭嘴龙类
白垩纪晚期

盔龙奔跑时用尾巴保持平衡

鸭嘴龙类的繁殖能力很强，因此数量众多。有霸王龙的捕食，这个群体才能维持合适的数量

盔龙也许会用四肢奔跑。说不定它能用后踢来保护自己

霸王龙有时也会用团队合作的方式来狩猎。

11

霸王龙也吃恐龙的尸体

霸王龙有时也会吃恐龙的尸体，从而保持草原
或森林的清洁。

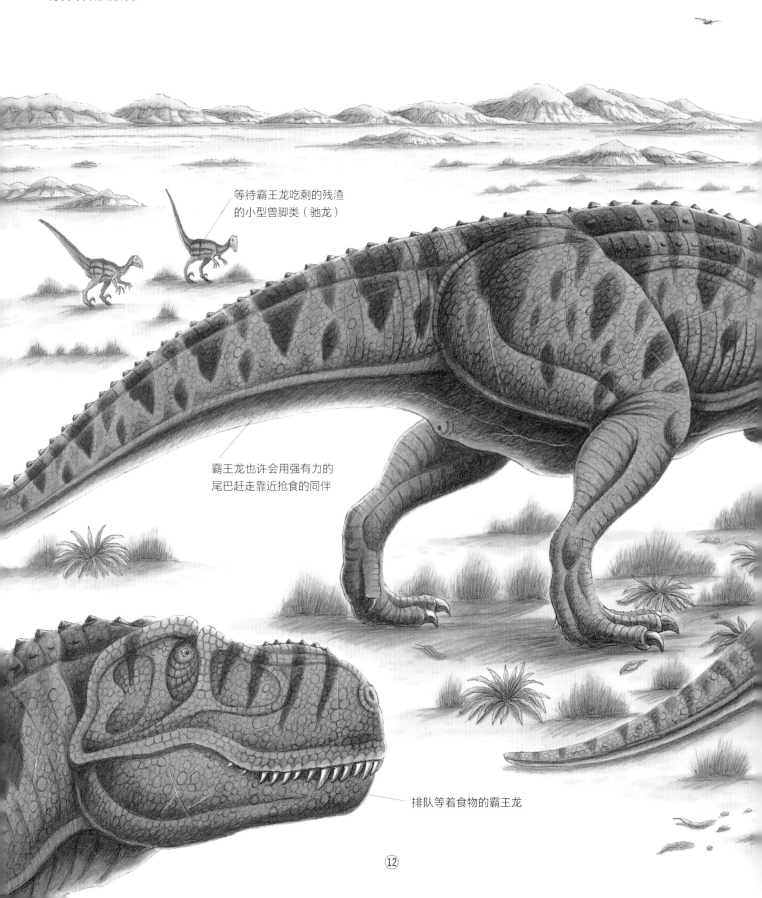

等待霸王龙吃剩的残渣
的小型兽脚类（驰龙）

霸王龙也许会用强有力的
尾巴赶走靠近抢食的同伴

排队等着食物的霸王龙

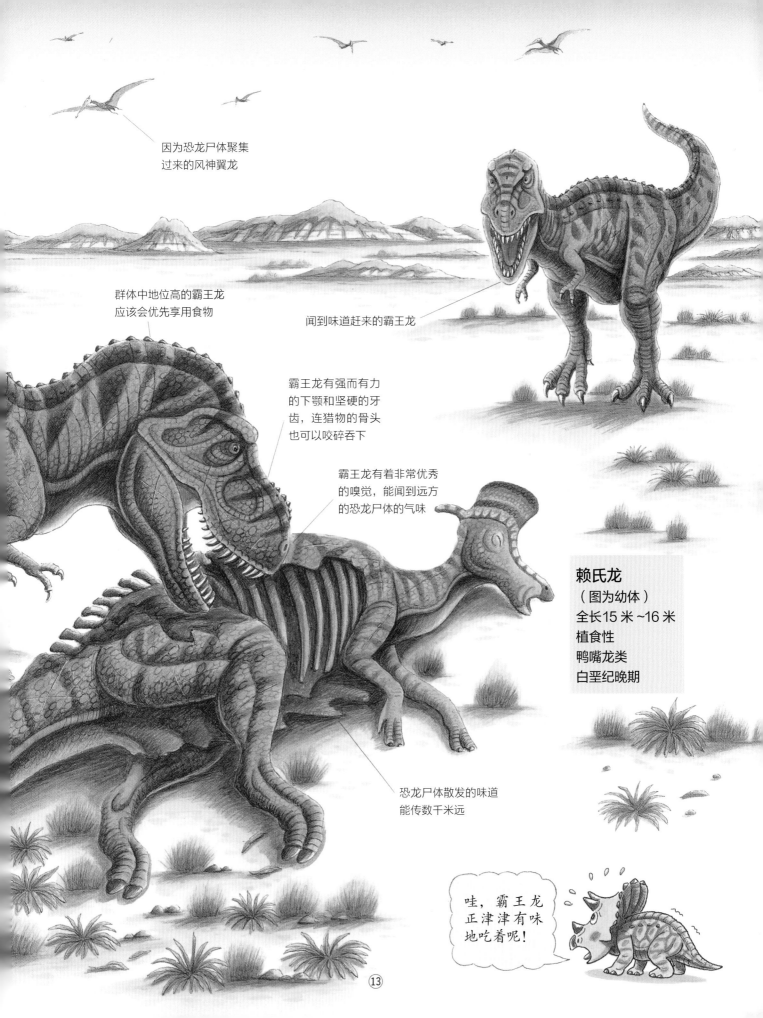

因为恐龙尸体聚集
过来的风神翼龙

群体中地位高的霸王龙
应该会优先享用食物

闻到味道赶来的霸王龙

霸王龙有强而有力
的下颚和坚硬的牙
齿，连猎物的骨头
也可以咬碎吞下

霸王龙有着非常优秀
的嗅觉，能闻到远方
的恐龙尸体的气味

赖氏龙
（图为幼体）
全长15米~16米
植食性
鸭嘴龙类
白垩纪晚期

恐龙尸体散发的味道
能传数千米远

哇，霸王龙
正津津有味
地吃着呢！

⑬

霸王龙的战斗方法

霸王龙有 3 种强大的战斗方法。

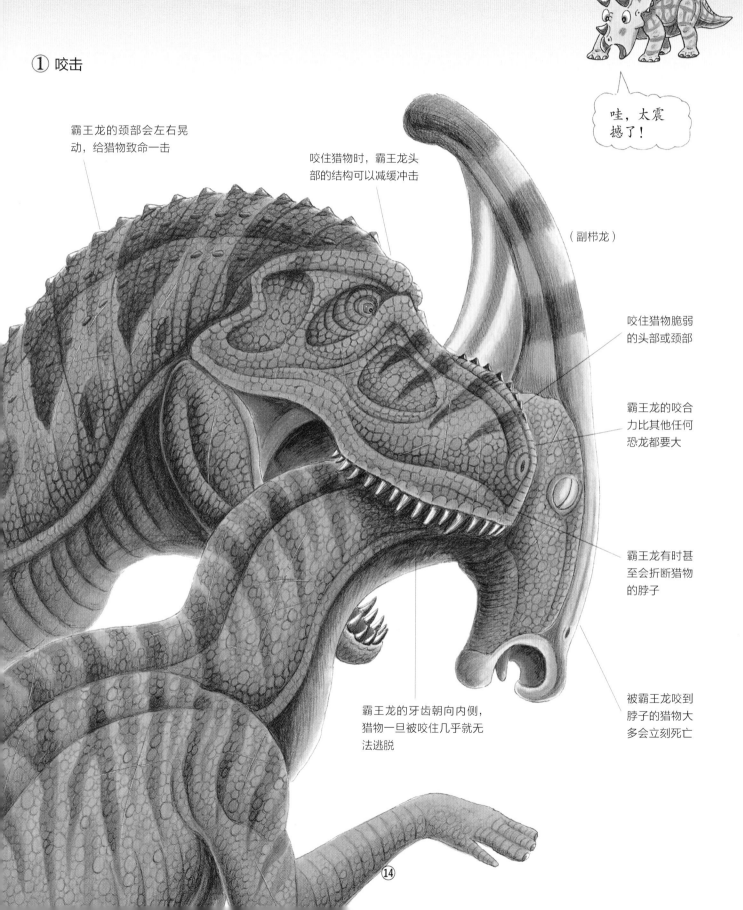

① 咬击

哇，太震撼了！

霸王龙的颈部会左右晃动，给猎物致命一击

咬住猎物时，霸王龙头部的结构可以减缓冲击

（副栉龙）

咬住猎物脆弱的头部或颈部

霸王龙的咬合力比其他任何恐龙都要大

霸王龙有时甚至会折断猎物的脖子

霸王龙的牙齿朝向内侧，猎物一旦被咬住几乎就无法逃脱

被霸王龙咬到脖子的猎物大多会立刻死亡

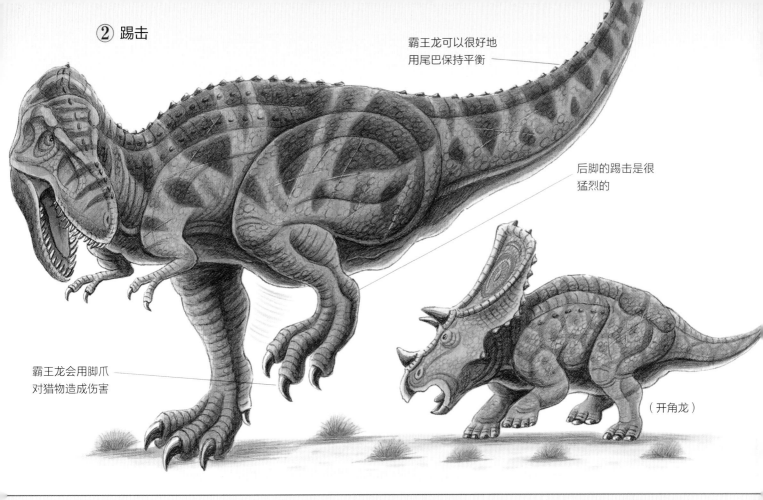

② 踢击

霸王龙可以很好地
用尾巴保持平衡

后脚的踢击是很
猛烈的

霸王龙会用脚爪
对猎物造成伤害

（开角龙）

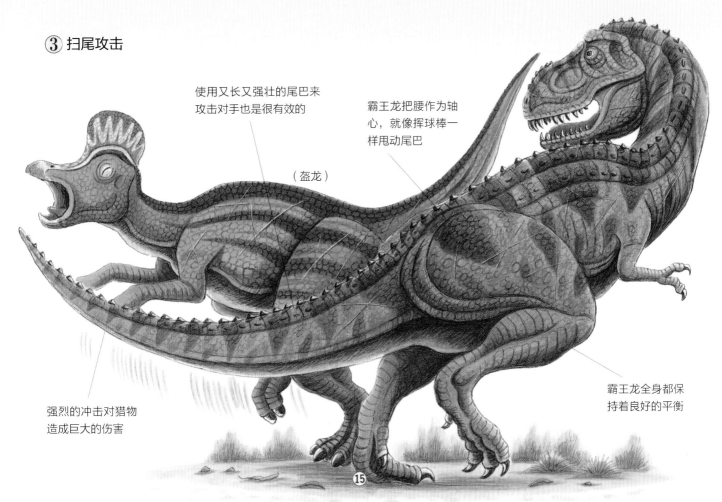

③ 扫尾攻击

使用又长又强壮的尾巴来
攻击对手也是很有效的

霸王龙把腰作为轴
心，就像挥球棒一
样甩动尾巴

（盔龙）

强烈的冲击对猎物
造成巨大的伤害

霸王龙全身都保
持着良好的平衡

霸王龙和三角龙的战斗

霸王龙会和它最强的对手三角龙战斗。让我们重现战斗景象吧！

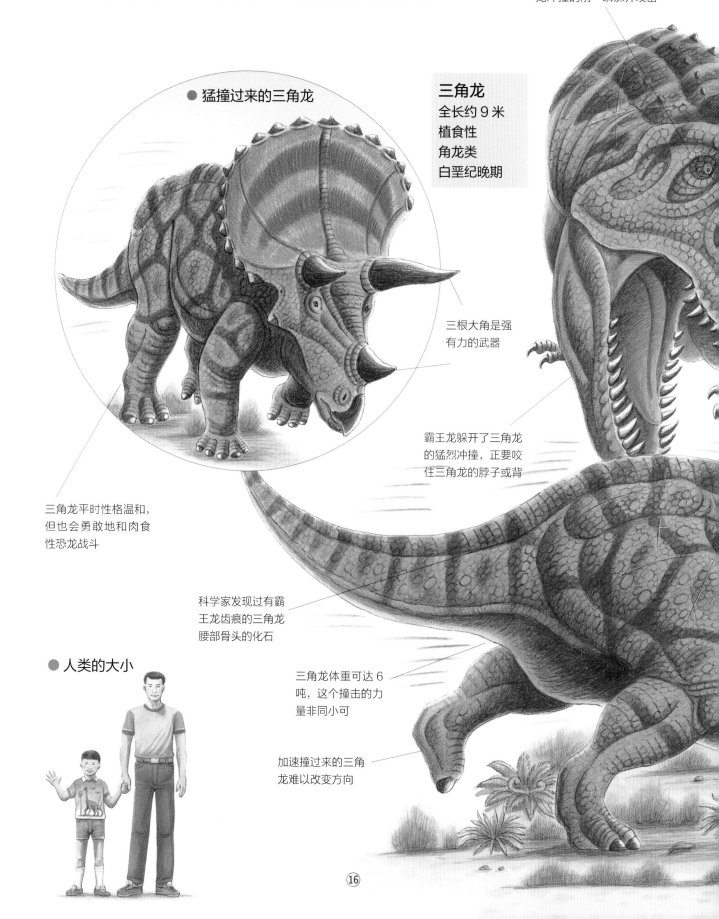

● 猛撞过来的三角龙

三角龙
全长约9米
植食性
角龙类
白垩纪晚期

霸王龙可以用朝向正前方的眼睛准确把握距离，在三角龙冲撞的前一瞬躲开攻击

三根大角是强有力的武器

霸王龙躲开了三角龙的猛烈冲撞，正要咬住三角龙的脖子或背

三角龙平时性格温和，但也会勇敢地和肉食性恐龙战斗

科学家发现过有霸王龙齿痕的三角龙腰部骨头的化石

● 人类的大小

三角龙体重可达6吨，这个撞击的力量非同小可

加速撞过来的三角龙难以改变方向

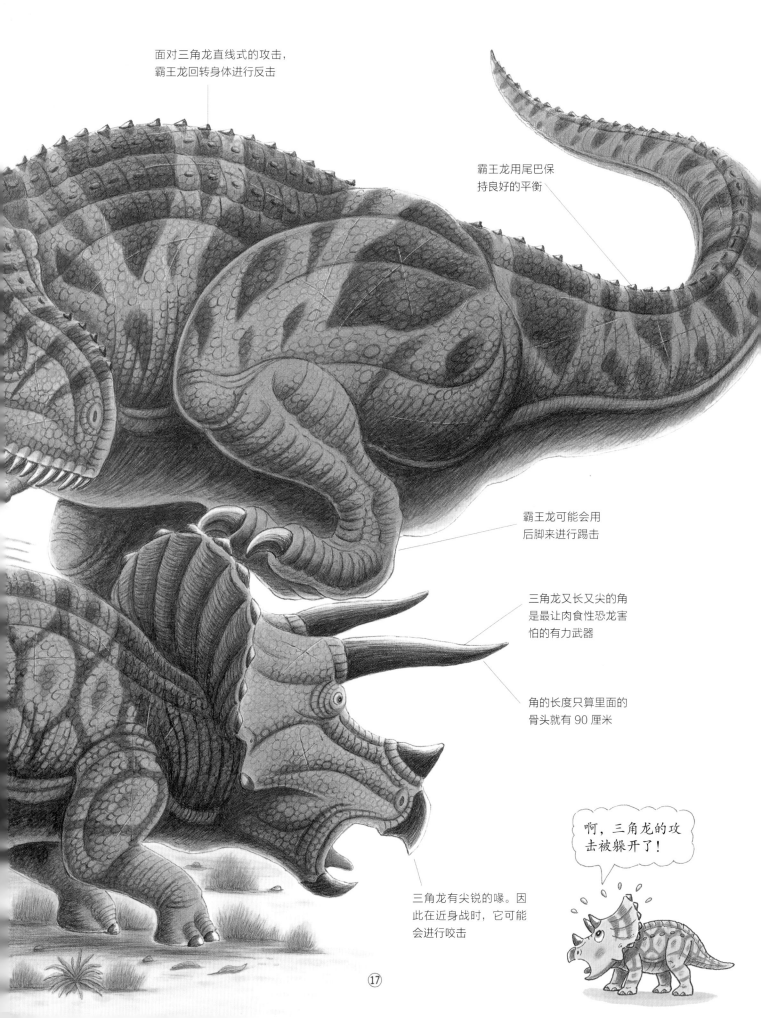

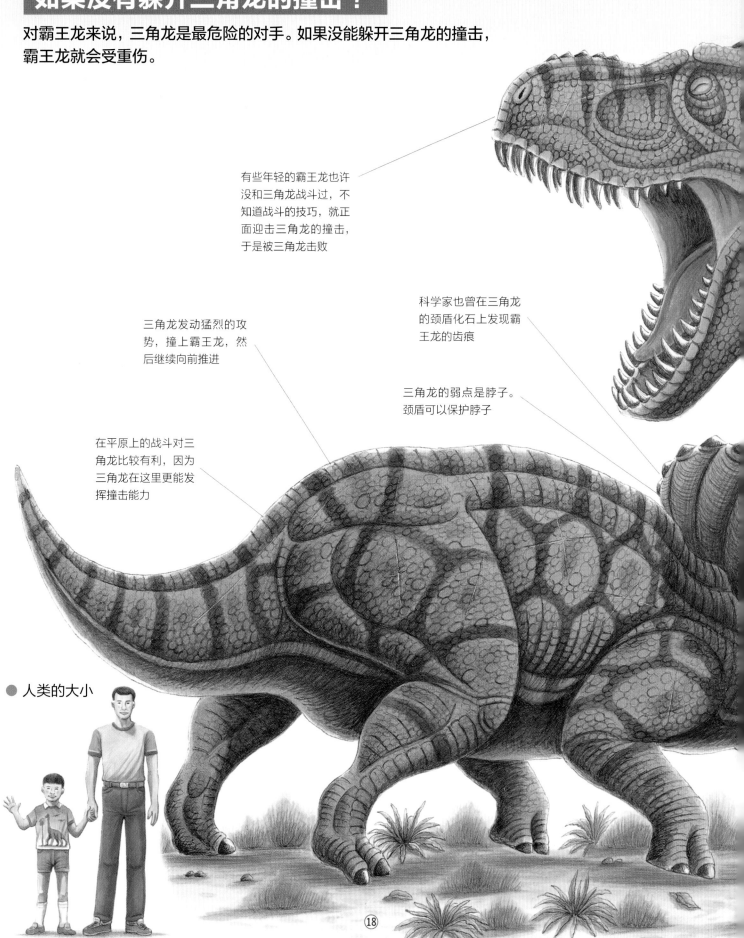

如果没有躲开三角龙的撞击？

对霸王龙来说，三角龙是最危险的对手。如果没能躲开三角龙的撞击，霸王龙就会受重伤。

有些年轻的霸王龙也许没和三角龙战斗过，不知道战斗的技巧，就正面迎击三角龙的撞击，于是被三角龙击败

科学家也曾在三角龙的颈盾化石上发现霸王龙的齿痕

三角龙发动猛烈的攻势，撞上霸王龙，然后继续向前推进

三角龙的弱点是脖子。颈盾可以保护脖子

在平原上的战斗对三角龙比较有利，因为三角龙在这里更能发挥撞击能力

● 人类的大小

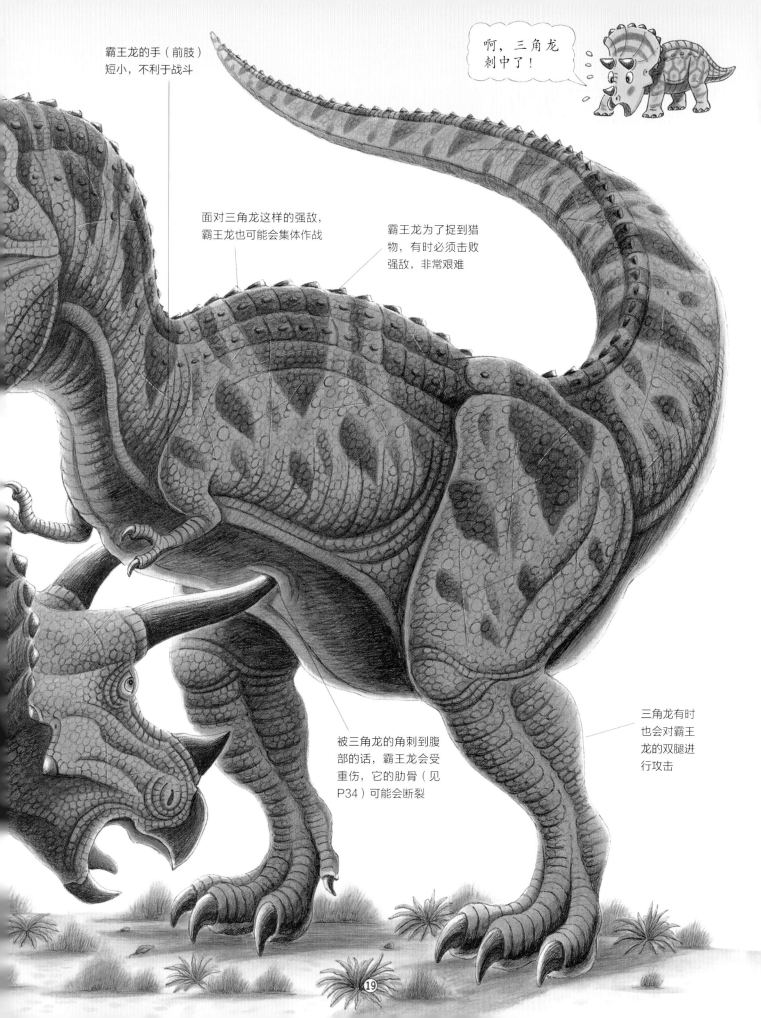

霸王龙和甲龙类的战斗

霸王龙也会和有坚固装甲的甲龙类战斗。

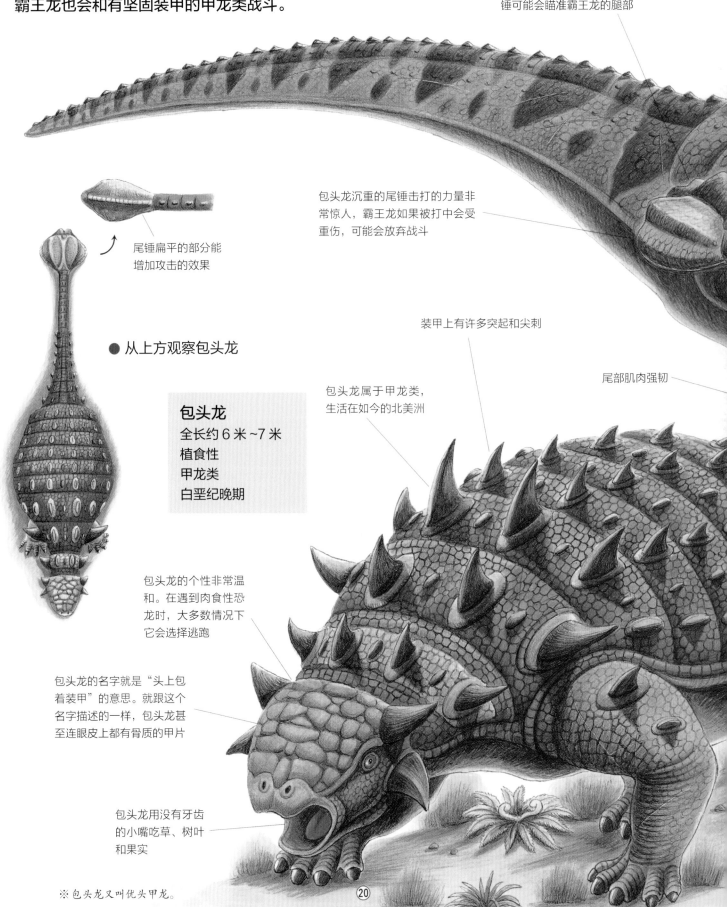

包头龙和霸王龙战斗时，尾锤可能会瞄准霸王龙的腿部

尾锤扁平的部分能增加攻击的效果

包头龙沉重的尾锤击打的力量非常惊人，霸王龙如果被打中会受重伤，可能会放弃战斗

● 从上方观察包头龙

装甲上有许多突起和尖刺

包头龙属于甲龙类，生活在如今的北美洲

尾部肌肉强韧

包头龙
全长约6米~7米
植食性
甲龙类
白垩纪晚期

包头龙的个性非常温和。在遇到肉食性恐龙时，大多数情况下它会选择逃跑

包头龙的名字就是"头上包着装甲"的意思。就跟这个名字描述的一样，包头龙甚至连眼皮上都有骨质的甲片

包头龙用没有牙齿的小嘴吃草、树叶和果实

※ 包头龙又叫优头甲龙。

霸王龙为了不被强有力
的尾锤攻击而拼命闪躲

即便被包头龙的尾锤和装甲打
伤，霸王龙还是坚持战斗

被尾锤砸到脸的
话非常危险，因
此要躲远一点

对付甲龙类最有效的攻
击方法是用踢击让对方
四脚朝天，然后一口咬
住柔软的腹部或喉咙

如果被甲龙类的尾锤狠狠击中的
话，霸王龙的胫骨等腿部骨头很可
能会骨折。科学家也曾经在霸王龙
化石中发现胫骨后面的骨头（腓骨）
骨折的痕迹（见P35）

● 人类的大小

甲龙类背上的装甲太重了，因此，
如果被翻过去，四脚朝天的话，
它就没办法再起身。这时它柔软
的腹部或喉咙就会被霸王龙攻击

霸王龙的成长

让我们想象一下霸王龙成长的过程……

● 蛋的内部（想象图）

● 巢的剖面（想象图）

落叶

长约 50 厘米

土堆

松软的沙地

不知道有多少颗蛋

❶ 霸王龙妈妈会在森林中筑巢、下蛋。

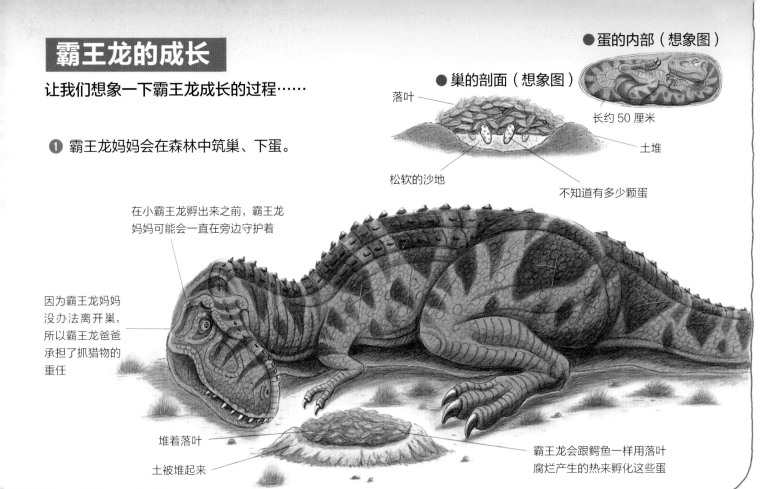

在小霸王龙孵出来之前，霸王龙妈妈可能会一直在旁边守护着

因为霸王龙妈妈没办法离开巢，所以霸王龙爸爸承担了抓猎物的重任

堆着落叶

土被堆起来

霸王龙会跟鳄鱼一样用落叶腐烂产生的热来孵化这些蛋

❷ 霸王龙有时也要赶走想吃恐龙蛋的小型兽脚类或哺乳类动物。

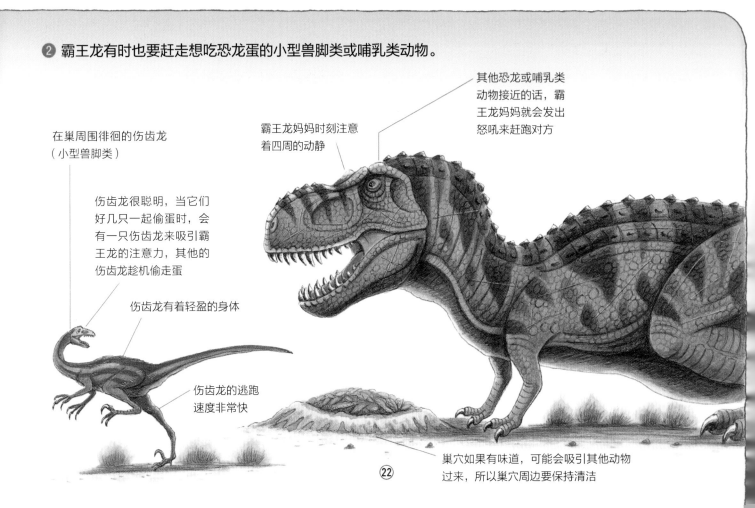

其他恐龙或哺乳类动物接近的话，霸王龙妈妈就会发出怒吼来赶跑对方

霸王龙妈妈时刻注意着四周的动静

在巢周围徘徊的伤齿龙（小型兽脚类）

伤齿龙很聪明，当它们好几只一起偷蛋时，会有一只伤齿龙来吸引霸王龙的注意力，其他的伤齿龙趁机偷走蛋

伤齿龙有着轻盈的身体

伤齿龙的逃跑速度非常快

巢穴如果有味道，可能会吸引其他动物过来，所以巢穴周边要保持清洁

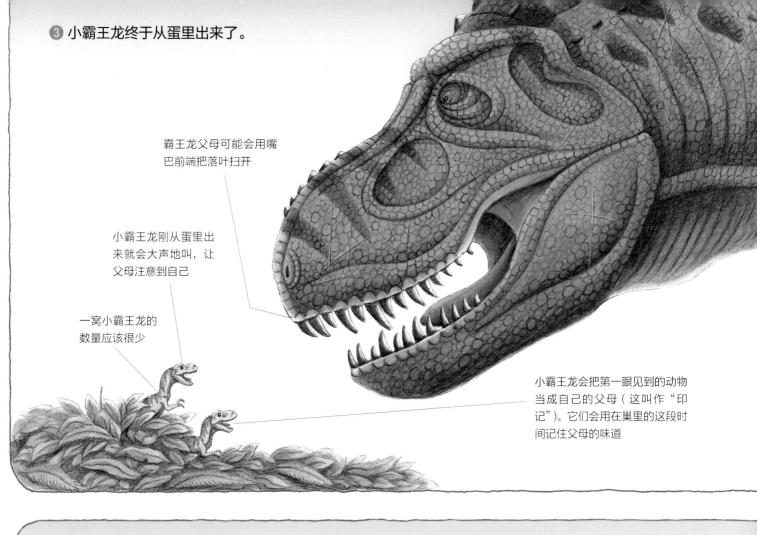

❸ 小霸王龙终于从蛋里出来了。

霸王龙父母可能会用嘴巴前端把落叶扫开

小霸王龙刚从蛋里出来就会大声地叫，让父母注意到自己

一窝小霸王龙的数量应该很少

小霸王龙会把第一眼见到的动物当成自己的父母（这叫作"印记"）。它们会用在巢里的这段时间记住父母的味道

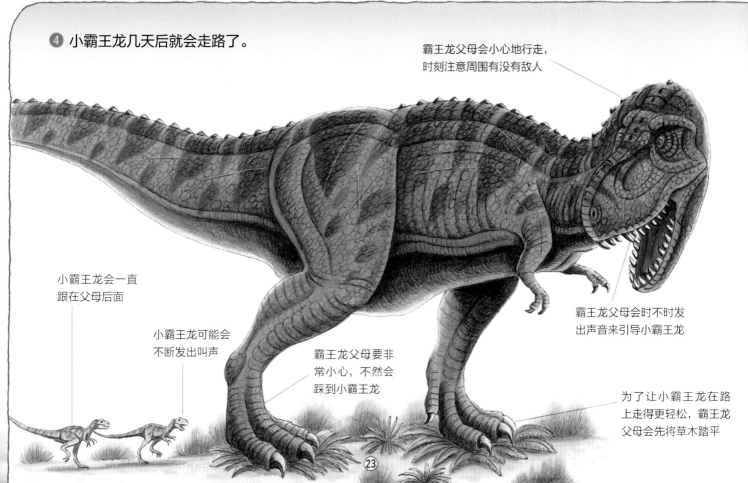

❹ 小霸王龙几天后就会走路了。

霸王龙父母会小心地行走，时刻注意周围有没有敌人

小霸王龙会一直跟在父母后面

小霸王龙可能会不断发出叫声

霸王龙父母要非常小心，不然会踩到小霸王龙

霸王龙父母会时不时发出声音来引导小霸王龙

为了让小霸王龙在路上走得更轻松，霸王龙父母会先将草木踏平

5 出生 6 个月后，小霸王龙健康地成长着。

恐龙时代有很多昆虫

昆虫富含矿物质等营养成分

小霸王龙的好奇心很强，常常抓昆虫玩

小霸王龙的食欲非常旺盛

小霸王龙用长长的尾巴保持平衡

小霸王龙体型轻瘦，偶尔也会跳跃

6 出生 1 年后，小霸王龙已经可以捕捉大型蜥蜴了。

出生 1 年后，小霸王龙的身体全长已经有 1.5 米了

捕捉蜥蜴是非常适合小霸王龙练习狩猎的活动，同时也是有趣的游戏

小霸王龙有优秀的冲刺能力

恐龙时代有很多蜥蜴，它们经常会被哺乳类动物或小型肉食性恐龙捕食

小霸王龙偶尔也会争抢食物

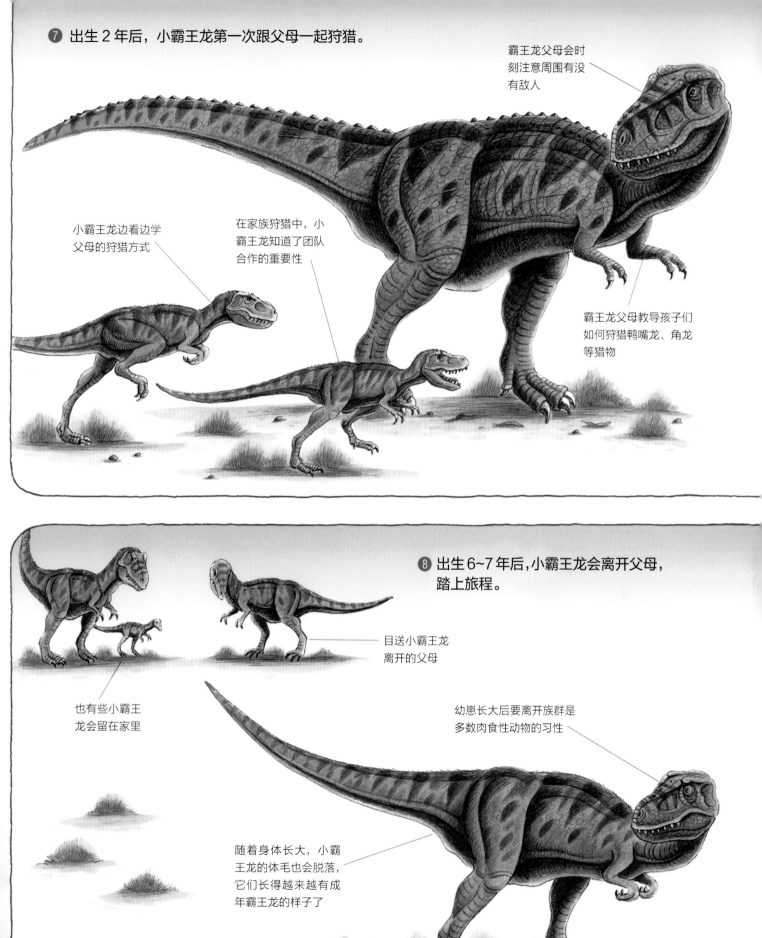

❼ 出生 2 年后，小霸王龙第一次跟父母一起狩猎。

霸王龙父母会时刻注意周围有没有敌人

小霸王龙边看边学父母的狩猎方式

在家族狩猎中，小霸王龙知道了团队合作的重要性

霸王龙父母教导孩子们如何狩猎鸭嘴龙、角龙等猎物

❽ 出生 6~7 年后，小霸王龙会离开父母，踏上旅程。

目送小霸王龙离开的父母

也有些小霸王龙会留在家里

幼崽长大后要离开族群是多数肉食性动物的习性

随着身体长大，小霸王龙的体毛也会脱落，它们长得越来越有成年霸王龙的样子了

❾ 这些独立生活的小霸王龙终于长大了。

根据科学家的研究，霸王龙到14岁左右会非常快速地成长

全长已经有8米左右

长大的小霸王龙已经学会瞄准猎物弱点，给猎物致命一击的技巧

为了不让猎物逃脱，霸王龙有时也会用手（前肢）紧紧抓住猎物

❿ 年轻的霸王龙有时也会遇到危险的对手。

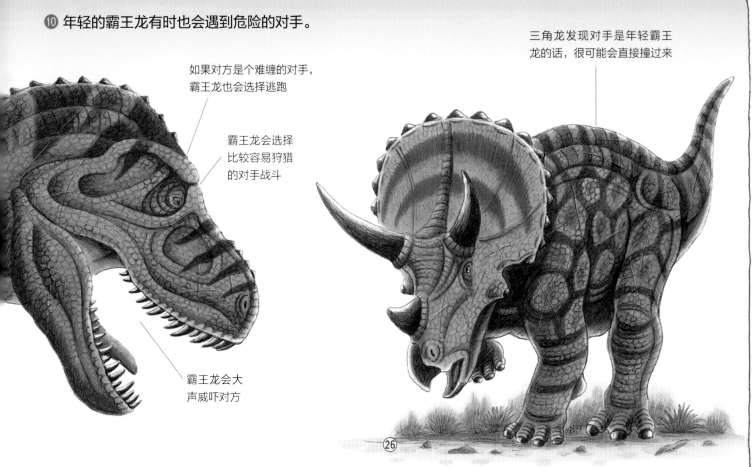

如果对方是个难缠的对手，霸王龙也会选择逃跑

霸王龙会选择比较容易狩猎的对手战斗

霸王龙会大声威吓对方

三角龙发现对手是年轻霸王龙的话，很可能会直接撞过来

⓫ 当两只异性霸王龙相遇时，如果
它们互相有好感，就会结为伴侣。

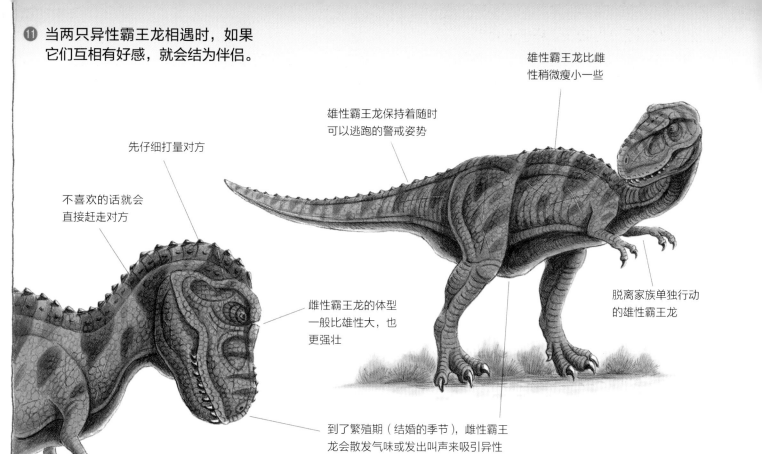

雄性霸王龙比雌
性稍微瘦小一些

雄性霸王龙保持着随时
可以逃跑的警戒姿势

先仔细打量对方

不喜欢的话就会
直接赶走对方

雌性霸王龙的体型
一般比雄性大，也
更强壮

脱离家族单独行动
的雄性霸王龙

到了繁殖期（结婚的季节），雌性霸王
龙会散发气味或发出叫声来吸引异性

⓬ 筑巢、下蛋。

等小霸王龙出生后，霸
王龙父母就会齐心协
力养育幼崽、扩张领地

霸王龙爸爸会注意着
四周的动静，让霸王
龙妈妈可以安心生产

以后这个年轻的霸王
龙妈妈也许会变成族
群（家族）的首领

霸王龙会在沙地上筑巢。霸
王龙妈妈在小心翼翼地下蛋

种类繁多的暴龙家族

● 北美洲的暴龙类

艾伯塔龙
全长约 9 米
加拿大、美国
白垩纪晚期

与霸王龙相比，艾伯塔龙的体型更小、更瘦

科学家发现了大量的艾伯塔龙化石

科学家第一次发现艾伯塔龙化石的地点是加拿大的艾伯塔省，艾伯塔龙因此得名

艾伯塔龙是加拿大极具代表性的肉食性恐龙

虽然艾伯塔龙的牙齿比霸王龙的牙齿小，但是它有很多尖牙

两根手指是暴龙类的特征

有的科学家认为艾伯塔龙和蛇发女怪龙是同一种恐龙

艾伯塔龙说不定可以跑得很快

脸部细长

后弯齿龙有向后弯曲的牙齿，因此得名

后弯齿龙用长长的尾巴保持平衡

精瘦轻盈的身体

后弯齿龙会袭击小型的植食性恐龙

矮暴龙②
全长 4 米~5 米
美国
白垩纪晚期

①译者注：有的科学家认为后弯齿龙不是一个有效的种。

后弯齿龙应该跑得很快

后弯齿龙的牙齿很大

矮暴龙的脑袋很大，所以应该很聪明

轻盈的身体

后弯齿龙①
全长 3 米~6 米
美国、加拿大
白垩纪晚期

矮暴龙名字的含义是"矮小的暴君"

以前科学家认为矮暴龙是蛇发女怪龙的幼体，但现在已经确定这两种恐龙是不同的种类

②译者注：根据最新研究，矮暴龙可能是霸王龙的幼体。

暴龙家族真的很庞大啊！

㉘

惧龙名字的含义是
"令人畏惧的恐龙"

在白垩纪的北美
大陆,惧龙是仅
次于霸王龙的强
大肉食性恐龙

比艾伯塔龙更加
结实的骨骼

有些科学家认为惧龙是霸王龙
的祖先,但还没有定论

惧龙有时也会用长
尾巴扫击猎物

惧龙可能会袭击大
型植食性恐龙

两根手指是暴龙类
的特征

惧龙
全长约 9 米
加拿大
白垩纪晚期

眼睛略微偏向侧边

精瘦轻盈的身体

蛇发女怪龙
用长长的尾
巴保持平衡

蛇发女怪龙
全长约 9 米 加拿大
白垩纪晚期

与霸王龙相比,蛇发女
怪龙的牙齿要少一些

矮暴龙用长长的
尾巴保持平衡

①译者注:蛇发女怪
龙的学名"Gorgosau-
rus"中,"gorgos"源
于希腊神话中的蛇发
女怪戈尔工,含义是
"凶猛的"

蛇发女怪龙名字的含义
是"凶猛的恐龙"①

蛇发女怪龙应该
可以跑得很快

● 人类的大小

● 亚洲的暴龙类

暹罗暴龙可能会袭击
小型植食性恐龙

暹罗暴龙名字的含义是"暹
罗（泰国古称）的暴君"

精瘦轻盈的身体

特暴龙用长长的
尾巴保持平衡

暹罗暴龙是一种生活
于白垩纪早期，非常
古老的暴龙类

①译者注：根据最新研究，暹罗暴龙其实是
中棘龙类，和异特龙是近亲，而非暴龙类。

虽然科学家目前只发
现了暹罗暴龙的腰和
尾巴的骨头化石，但
它的骨盆有些特征和
暴龙类接近

暹罗暴龙①
全长约 5 米
泰国
白垩纪早期

独龙用长长的
尾巴保持平衡

精瘦轻盈的身体

细长的脑袋

独龙应该会袭击
小型植食性恐龙

独龙
全长约 5 米
蒙古、俄罗斯、中国
白垩纪晚期

独龙应该跑
得很快

独龙名字的含义
是"单独的恐龙"

脸上有冠状的
突起

细长的
脸部

分支龙用长长的尾巴保持平衡

● 人类的大小

分支龙名字的含义是
"（进化上）不同的分支"

分支龙可能
会成群袭击
小型植食性
恐龙

分支龙
全长约 6 米
蒙古
白垩纪晚期

分支龙是蒙古的
著名小型暴龙

分支龙应该可以
高速奔跑

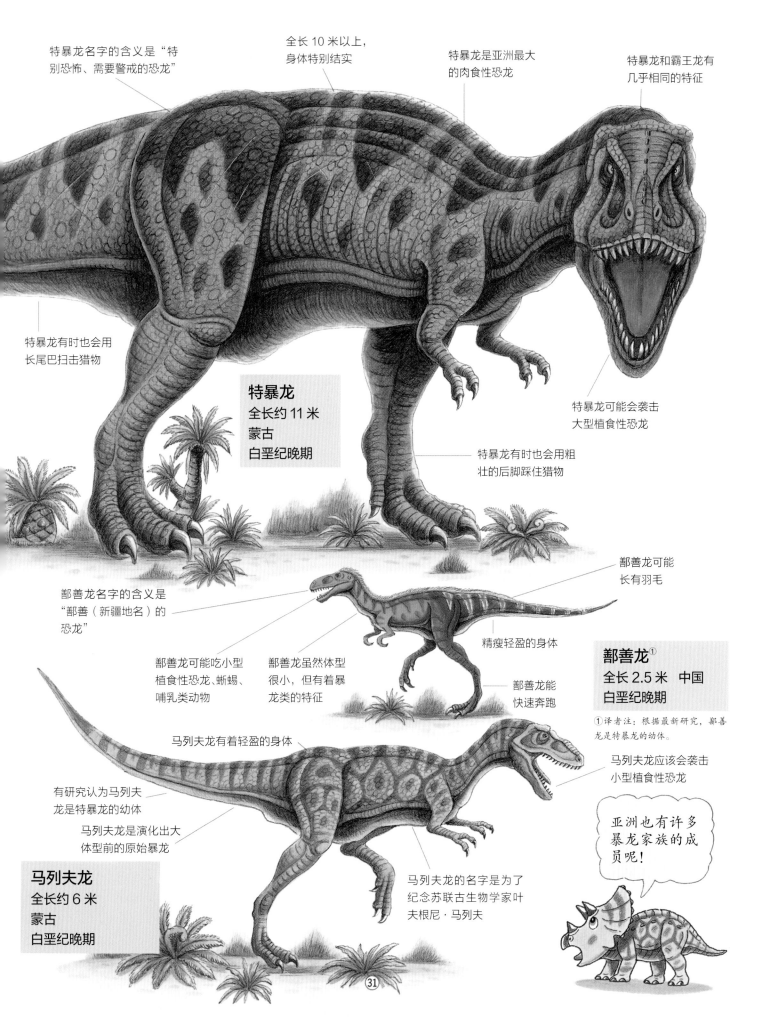

特暴龙名字的含义是"特别恐怖、需要警戒的恐龙"

全长 10 米以上，身体特别结实

特暴龙是亚洲最大的肉食性恐龙

特暴龙和霸王龙有几乎相同的特征

特暴龙有时也会用长尾巴扫击猎物

特暴龙
全长约 11 米
蒙古
白垩纪晚期

特暴龙可能会袭击大型植食性恐龙

特暴龙有时也会用粗壮的后脚踩住猎物

鄯善龙名字的含义是"鄯善（新疆地名）的恐龙"

鄯善龙可能长有羽毛

精瘦轻盈的身体

鄯善龙可能吃小型植食性恐龙、蜥蜴、哺乳类动物

鄯善龙虽然体型很小，但有着暴龙类的特征

鄯善龙能快速奔跑

鄯善龙①
全长 2.5 米　中国
白垩纪晚期

①译者注：根据最新研究，鄯善龙是特暴龙的幼体。

马列夫龙有着轻盈的身体

马列夫龙应该会袭击小型植食性恐龙

有研究认为马列夫龙是特暴龙的幼体

马列夫龙是演化出大体型前的原始暴龙

马列夫龙
全长约 6 米
蒙古
白垩纪晚期

马列夫龙的名字是为了纪念苏联古生物学家叶夫根尼·马列夫

亚洲也有许多暴龙家族的成员呢！

31

日本也有暴龙类

近年来，在日本福井县和泉村白垩纪早期的地层中也发现了具有暴龙类特征的牙齿化石，让我们知道日本也有暴龙家族的成员。

也有暴龙家族的成员在日本生活过呢！

● 日本的暴龙（想象图）

这种暴龙用长长的尾巴保持平衡

全长 4 米 ~5 米

这种暴龙和暹罗暴龙（见 P30）一样是一种非常古老的暴龙类①

①译者注：根据最新研究，暹罗暴龙是中棘龙类，不是暴龙类。

体型细瘦

这种暴龙可能会好几头一起袭击猎物

这种暴龙生活于白垩纪早期的日本

这种暴龙对味道非常敏感

这种暴龙有着强韧的尾部肌肉

这种暴龙应该能快速奔跑

1996 年，科学家在和泉村白垩纪早期的手取群地层中发现暴龙化石

这种暴龙可能会袭击生活于同时代的禽龙类（福井龙）

● 人类的大小

● 科学家发现的暴龙类牙齿

牙齿具有暴龙类才有的特征，如横截面呈 D 形

牙齿边缘有像锯子一样的锯齿

科学家认为这是暴龙类上颌前端的牙齿

霸王龙的骨骼

● 人类头骨的大小

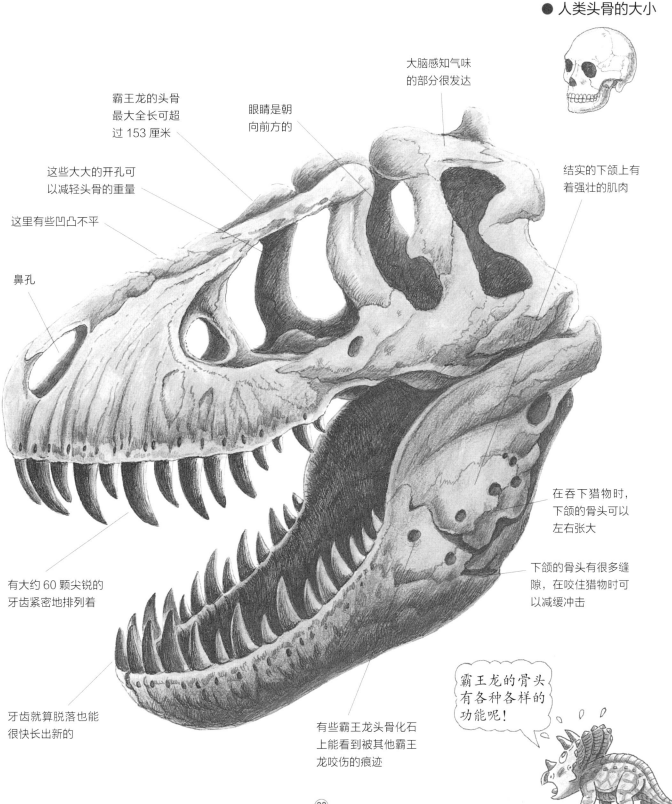

霸王龙的头骨最大全长可超过 153 厘米

眼睛是朝向前方的

大脑感知气味的部分很发达

结实的下颌上有着强壮的肌肉

这些大大的开孔可以减轻头骨的重量

这里有些凹凸不平

鼻孔

在吞下猎物时，下颌的骨头可以左右张大

下颌的骨头有很多缝隙，在咬住猎物时可以减缓冲击

有大约 60 颗尖锐的牙齿紧密地排列着

牙齿就算脱落也能很快长出新的

有些霸王龙头骨化石上能看到被其他霸王龙咬伤的痕迹

霸王龙的骨头有各种各样的功能呢！

霸王龙的全身骨骼

巨大的霸王龙骨骼保持着良好的平衡，并且有各种不同的功能。

● 脊柱的骨头

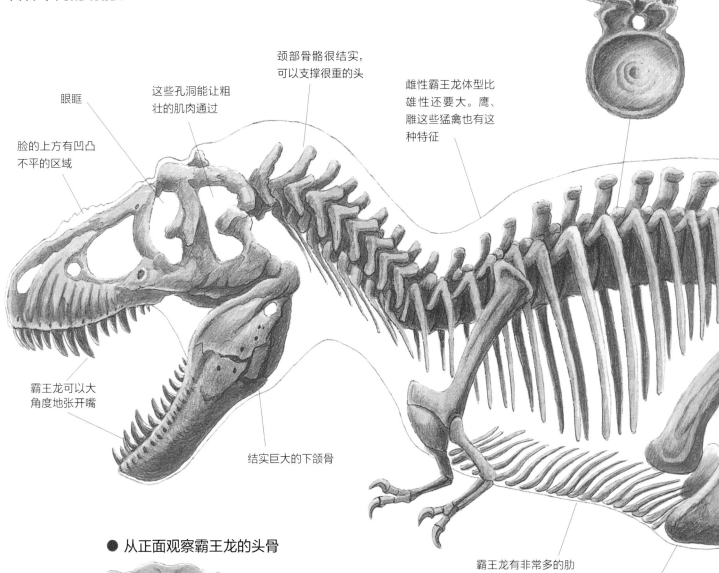

脸的上方有凹凸不平的区域

眼眶

这些孔洞能让粗壮的肌肉通过

颈部骨骼很结实，可以支撑很重的头

雌性霸王龙体型比雄性还要大。鹰、雕这些猛禽也有这种特征

霸王龙可以大角度地张开嘴

结实巨大的下颌骨

霸王龙有非常多的肋骨。有些霸王龙化石在这里有骨折的痕迹

向下延伸的巨大耻骨是兽脚类的特征

● 从正面观察霸王龙的头骨

朝向正前方的眼眶是霸王龙的特征

脸颊的骨头明显向外突出

下颌的骨头是可以左右延伸的结构

● 大大的趾甲

深深的沟槽是为了让猎物的血流过

霸王龙有时会用趾甲的尖端刺杀、捕捉猎物

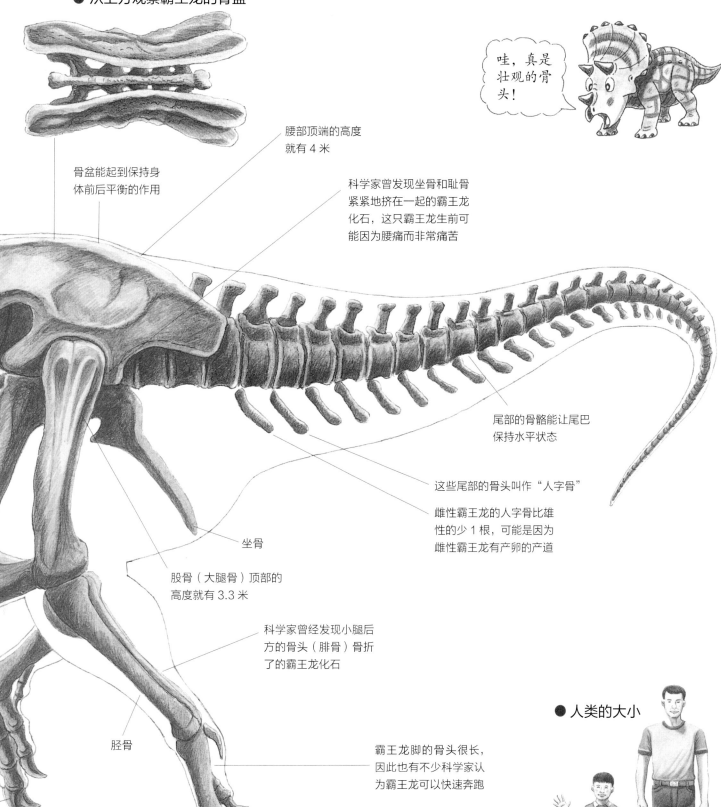

● 从上方观察霸王龙的骨盆

哇，真是壮观的骨头！

骨盆能起到保持身体前后平衡的作用

腰部顶端的高度就有 4 米

科学家曾发现坐骨和耻骨紧紧地挤在一起的霸王龙化石，这只霸王龙生前可能因为腰痛而非常痛苦

尾部的骨骼能让尾巴保持水平状态

这些尾部的骨头叫作"人字骨"

雌性霸王龙的人字骨比雄性的少 1 根，可能是因为雌性霸王龙有产卵的产道

坐骨

股骨（大腿骨）顶部的高度就有 3.3 米

科学家曾经发现小腿后方的骨头（腓骨）骨折了的霸王龙化石

胫骨

● 人类的大小

霸王龙脚的骨头很长，因此也有不少科学家认为霸王龙可以快速奔跑

这三根大大的脚趾可以分担体重

霸王龙每走一步就能跨越 3.6 米到 4.2 米

㉟

作者的话

霸王龙是最有名的恐龙。不论是从体形、力量还是性格来看，它都称得上是恐龙中的霸主。

为了写这本书，我从许多地方搜集了大量资料。因为很多科学家都在研究霸王龙，所以有非常多的关于霸王龙的学说。有的科学家认为霸王龙是食腐的；还有科学家猜想，霸王龙会主动捕猎。各路学者针锋相对，争论不休。

我认为霸王龙会主动捕猎。现代的食肉动物，比如老虎和狮子，也会被尸体的腐臭味吸引。因此，我猜想：霸王龙会像狮子一样捕猎，遇到腐肉的话，也会像鬣狗那样毫不抗拒地大快朵颐。

曾经有科学家猜想，霸王龙因为巨大的体重无法快速奔跑。这引发了热烈的讨论。这个观点看似很有道理，但是如果霸王龙跑得比猎物还慢，那它还怎么捕猎，又如何立足于残酷的恐龙世界的顶端呢？因此，我认为，霸王龙平时走得很慢，捕猎时还是能短暂奔跑的吧！

第22页"霸王龙的成长"是我根据自己的猜想来创作的。科学家发现了霸王龙的近亲特暴龙的巢穴化石，其中有超过30颗蛋。因此有学者猜想，霸王龙的生活模式可能是大家族群居。但本书还是假定：霸王龙父母像鹰、鹫等猛禽一样，悉心照顾数量较少的幼崽。

在写这本书的时候，我参考了所有能找到的资料，最后选择了不会破坏霸王龙在我心目中形象的学说。

我希望，能有越来越多的读者会因为这本书说："太有趣了，我要开始研究霸王龙！"

●主要参考文献

《动物大百科别卷1：恐龙》 ……………… D. 诺曼著 / 平凡社
《最新恐龙百科全书》 ……………… 金子隆一著 / 朝日新闻社
《肉食恐龙百科全书》 …… 格雷戈里·保罗著 / 河出书房新社
《恐龙新闻 1~7 卷》 ……………………………… 极光带社
《'94 世界最大的恐龙博览会指南》 ……………… 朝日新闻社
《'95 恐龙大博览会指南》 ………………………… TBS
《恐龙的世界》 ………………………… 日经国家地理杂志社
《恐龙骨骼图集》 …………… 格雷戈里·保罗著 / 学习研究社
《新大百科全书：恐龙》 ………………………… 学习研究社
《恐龙的蛋》 ………………………… 久保国彦著 / 讲谈社
其他来自《朝日新闻》《读卖新闻》《每日新闻》的新闻报道。

●黑川光广

1954 年出生于日本大阪，曾在日本大阪市立美术研究所学习绘画。主要作为儿童插画师开展创作活动，在古生物研究上也有很深的造诣，是日本儿童出版美术家联盟会员。现在在日本东京练马区关町成立了自己的工作室。

出版了《恐龙大陆》《恐龙大冒险》《勇敢的三角龙》《受伤的暴龙》《战斗的恐龙》《ABC 恐龙图册》等众多作品。

图书在版编目（ＣＩＰ）数据

暴龙家族大图解 / (日) 黑川光广著；廖俊棋译
. -- 北京 : 中国友谊出版公司, 2021.10
ISBN 978-7-5057-5251-1

Ⅰ. ①暴… Ⅱ. ①黑… ②廖… Ⅲ. ①恐龙—少儿读
物 Ⅳ. ①Q915.864-49

中国版本图书馆CIP数据核字(2021)第120168号

著作权合同登记号　图字：01-2021-3072

KYÔRYÛ TYIRANOSAURUSU DAIZUKAI
Copyright © 2005 by Mitsuhiro KUROKAWA
First published in Japan in 2005 by Komine Shoten Co., Ltd., Tokyo
Simplified Chinese translation rights arranged with Komine Shoten Co., Ltd.
through Japan Foreign-Rights Centre/ Bardon-Chinese Media Agency

本书中文简体版权归属于银杏树下（北京）图书有限责任公司

书名	暴龙家族大图解
著者	[日] 黑川光广
译者	廖俊棋
出版	中国友谊出版公司
发行	中国友谊出版公司
经销	新华书店
印刷	北京盛通印刷股份有限公司
规格	889×1194 毫米　16 开
	2.75 印张　54 千字
版次	2021 年 10 月第 1 版
印次	2021 年 10 月第 1 次印刷
书号	ISBN 978-7-5057-5251-1
定价	49.80 元
地址	北京市朝阳区西坝河南里 17 号楼
邮编	100028
电话	（010）64678009